BEI GRIN MACHT SICH IHR WISSEN BEZAHLT

- Wir veröffentlichen Ihre Hausarbeit,
  Bachelor- und Masterarbeit

- Ihr eigenes eBook und Buch -
  weltweit in allen wichtigen Shops

- Verdienen Sie an jedem Verkauf

Jetzt bei www.GRIN.com hochladen und kostenlos publizieren

Bibliografische Information der Deutschen Nationalbibliothek:

Die Deutsche Bibliothek verzeichnet diese Publikation in der Deutschen National-
bibliografie; detaillierte bibliografische Daten sind im Internet über http://dnb.d-
nb.de/ abrufbar.

Dieses Werk sowie alle darin enthaltenen einzelnen Beiträge und Abbildungen
sind urheberrechtlich geschützt. Jede Verwertung, die nicht ausdrücklich vom
Urheberrechtsschutz zugelassen ist, bedarf der vorherigen Zustimmung des Verla-
ges. Das gilt insbesondere für Vervielfältigungen, Bearbeitungen, Übersetzungen,
Mikroverfilmungen, Auswertungen durch Datenbanken und für die Einspeicherung
und Verarbeitung in elektronische Systeme. Alle Rechte, auch die des auszugsweisen
Nachdrucks, der fotomechanischen Wiedergabe (einschließlich Mikrokopie) sowie
der Auswertung durch Datenbanken oder ähnliche Einrichtungen, vorbehalten.

Impressum:

Copyright © 2014 GRIN Verlag, Open Publishing GmbH
Druck und Bindung: Books on Demand GmbH, Norderstedt Germany
ISBN: 9783668178854

Dieses Buch bei GRIN:

http://www.grin.com/de/e-book/286144/mathematisches-planungsverfahren-
lineare-regressionsmethoden-und-lineare

Christian K.

Mathematisches Planungsverfahren. Lineare Regressionsmethoden und lineare Optimierung

GRIN Verlag

GRIN - Your knowledge has value

Der GRIN Verlag publiziert seit 1998 wissenschaftliche Arbeiten von Studenten, Hochschullehrern und anderen Akademikern als eBook und gedrucktes Buch. Die Verlagswebsite www.grin.com ist die ideale Plattform zur Veröffentlichung von Hausarbeiten, Abschlussarbeiten, wissenschaftlichen Aufsätzen, Dissertationen und Fachbüchern.

Besuchen Sie uns im Internet:

http://www.grin.com/

http://www.facebook.com/grincom

http://www.twitter.com/grin_com

Hochschule Bochum
FB Wirtschaft
**Seminar: Mathematische Planungsverfahren
und statistische Analyse und Entscheidung**

Hausarbeit zum Thema:

Lineare Regressionsmethoden und lineare Optimierung

Inhalt

Abbildungsverzeichnis II

Tabellenverzeichnis II

Abkürzungsverzeichnis II

Formelverzeichnis III

1. Einleitung 1

2. Lineare Regressionsanalyse 2

3. Multivariate lineare Regressionsanalyse 4

4. Lineare Optimierung 6

   4.1. Graphischer Lösungsansatz 7

5. Simplex-Algorithmus 10

6. Praktische Anwendung 14

   6.1. Einführung in Google Adwords 14

   6.2. Praxisbeispiel zu Regressionsanalyse und Bestimmtheitsmaß 16

   6.3. Anwendung des Solver-Add-Ins zur linearen Optimierung 17

7. Fazit 20

Literatur- und Quellenverzeichnis 21

Abbildungsverzeichnis

Abbildung 1: Punktwolke und Regressionsgerade 2
Abbildung 2: Graphische Lösung...9
Abbildung 3: Lineare Regressionsanalyse 16

Tabellenverzeichnis

Tabelle 1: Ausgangstableau.. 12
Tabelle 2: 1. Lösungsschritt.. 13
Tabelle 3: 2. Lösungsschritt.. 13
Tabelle 4:3. Simplex-Endtableaus 14
Tabelle 5: Ausgangssituation Solver 17
Tabelle 6: Funktionen der Tabelle 19
Tabelle 7: Maximaler Deckungsbeitrag der Kampagnen.. 19

Abkürzungsverzeichnis

CPC: Cost Per Click

CR: Conversion Rate

GmbH: Gesellschaft mit beschränkter Haftung

LP: Lineare Programmierung

SEA: Search Engine Advertising

SEO: Search Engine Optimizing

Formelverzeichnis

$$R^2_{korriegiert} = R^2 - (1 - R^2) \times \frac{n-1}{n-p-1}$$

Achsenabschnitt: $a = \bar{y} - b\bar{x}$

Bestimmtheitsmaß: $r^2 = \left(\frac{S_{xy}}{S_x S_y}\right)^2$

Click-Through-Rate: $\frac{Besucher}{Impressionen} \times 100$

Geradengleichung einfache Regression: $Y = a + xb_i + U_i$

Geradengleichung multiple lineare Regression: $Y = \beta_0 + \beta_1 x_1 + \beta_2 x_2 + \beta_3 x_3 + \epsilon$

Klickkosten: $\frac{CPC}{CR}$

Klickrate: $\frac{Klicks}{Impressions} \times 100$

Maximaler CPC: $\frac{Gewinn\ je\ Conversion}{ROI} \times CR$

Methode der kleinsten Quadrate: $Q(a_1, a_2) = \sum_{i=1}^{n}[y_i - (a_1 + a_2 x_i)]^2$

Return on Investment: $\frac{Umsatz - sonstige\ Kosten}{Kampagnenkosten} \times 100$

Steigung Regressionsgerade: $b = \frac{\sum_{i=1}^{n}(x_i - \bar{x})(y_i - \bar{y})}{\sum_{i=1}^{n}(x_i - \bar{x})^2}$

Zielfunktion lineare Programmierung: $z = \sum_{j=1}^{m} c_j x_j + c_0$

1. Einleitung

Im Rahmen eines drei monatigen Praktikums bei einem Onlineanbieter von Sprachreisen zählte es zu meinen Tätigkeiten die Wirkung der Marketingmaßnahmen im Bereich der Suchmaschinenwerbung zu überprüfen und zu optimieren. Da nahezu das gesamte Werbebudget des Unternehmens in das Etat des Onlinemarketing einfließt, wurde dieser Aufgabe eine besondere Bedeutung beigemessen. Zu diesem Zeitpunkt gab es bei dem Unternehmen noch keine Verfahren oder statistisch erhobenen Daten, welche das Durchführern dieser Arbeiten ermöglicht hätten. Deshalb war es zunächst wichtig, diese Daten zu erheben um anschließend Aussagen über die verschiedenen Wirkungsgrade der Werbung zu treffen. Im Anschluss an die Recherche bediente ich mich an den von Excel zur Verfügung gestellten Tools, wie beispielsweise dem Solver oder der Regressionsanalyse, um die Reichweite und den Erfolg der verschiedenen Kampagnen zu ermitteln. Gerade für kleine und mittelständische Unternehmen, die auf ihren Onlineauftritt als einzige Vertriebsplattform angewiesen sind, ist es wichtig sich mit diesen Fragen zu beschäftigen.

Das Ziel meiner Hausarbeit ist es, neben der Erläuterung der Funktionsweise der linearen Optimierung und Regressionsanalyse, die spezifischen ökonomischen Problemstellungen des Unternehmens mithilfe der Anwendung dieser Modelle zu lösen.

In 2. Kapitel wird die lineare Regressionsanalyse erklärt. Das Thema des 3. ist die multivariate lineare Regressionsanalyse. Die lineare Optimierung ist Thema des 4. Kapitels und Simplex-Algorithmus wird im 5. Kapitel behandelt. bevor es dann zu einer Schlussbetrachtung im 7. Kapitel kommt werden einige Beispiele der Methoden anhand des Unternehmens in 6. Kapitel dargestellt.

2. Lineare Regressionsanalyse

Die Regressionsanalyse ist eines der flexibelsten und am häufigsten verwendeten statistischen Analyseverfahren, welches sich mit der funktionalen Beziehung zweier Variablen X und Y befasst.[1] Unter der linearen Regression versteht man dabei das Vorgehen der Approximierung einer Punktwolke durch eine lineare Trendfunktion.[2] Das bedeutet, dass die Regressionsgerade den in den Punkten eines Vektorraums zum Ausdruck kommenden Zusammenhang zwischen X und Y möglichst gut beschreiben soll.

Abbildung 1: Punktwolke und Regressionsgerade

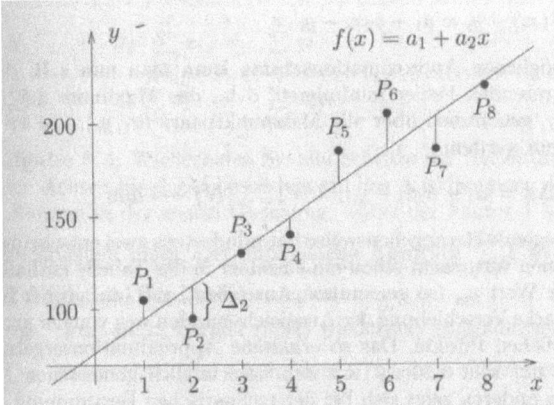

Abbildung 1. stellt das Streuungsdiagramm einer Zeitreihe da, in dem jeder markierter Punkt P_i im Koordinatensystem genau einem Merkmal x_i mit der dazugehörigen Messgröße y_i entspricht. Das Streuungsdiagramm dieser Punktwolke zeigt,

Quelle: Luderer, B. / Würker, U. (2009), S. 373

dass näherungsweise ein linearer Zusammenhang zwischen x_i und y_i besteht, welcher durch die Regressionsgerade der Form $y = a_1 + a_2 x$ beschrieben werden kann.[3]

Bei der Entscheidung über den Typ der Regressionsfunktion kann man vorab von der Kenntnis über die Beziehung der Variablen profitieren. Zudem wäre es möglich eine Entscheidung nach der Interpretation der graphisch dargestellten Messwerte zu treffen.[4] Die abhängige Variable Y wird auch als Regressand bezeichnet und

[1] **Backhaus, K. / Erichson, B.** (2008), S. 52
[2] **Luderer, B. / Würker, U.** (2009), S. 379
[3] Vgl. **Luderer, B. / Würker, U.** (2009), S. 373
[4] Vgl. **Purkert, W.** (2012), S. 298

wird im stochastischen Sinne als eine Zufallsgröße aufgefasst. Die unabhängige Variable X bezeichnet man dagegen als Regressor.

Im einfachsten Fall, der linearen Regressionsanalyse welche auch als bivariate Regression bezeichnet wird, ist die Variable Y von X linear abhängig. Dies kann mithilfe der Geradengleichung $Y = a + xb_i + U_i$ ausgedrückt werden. Die nicht direkt beobachtbare und zufallsbedingte Residualvariable wird durch U_i beschrieben. Da in der Regel keine eindeutige funktionale Abhängigkeit zwischen Regressand und Regressor bestehen, nimmt man an, dass sie zumindest im statistischen Mittel existiert. Diese nicht unmittelbar beobachtbare und zufällige Restvariable überlagert dabei additiv die mittlere statistische Abhängigkeit.[5]

Der primäre Anwendungsbereich der Analyse ist die Untersuchung von Kausalbeziehungen und wird insbesondere dann eingesetzt, wenn quantitative Zusammenhänge beschrieben oder erklärt werden sollen.[6] Typisch für eine lineare Funktion als Basis der Regressionsanalyse sind beispielsweise die Kostenfunktion in einem Unternehmen oder die volkswirtschaftliche Konsumfunktion.[7] Die empirisch gewonnen Messwerte werden bei der Regressionsgerade dazu verwendet, Prognosen hinsichtlich der Wertentwicklung zu treffen und Hypothesen über die Wirkungsbeziehungen zu überprüfen.[8] Diese Trendanalyse ist ebenso bei kurz- oder mittelfristigen Zeitreihen, sowie bei Reihen, die einen linearen Trend erkennen lassen, möglich.[9]

Schon zu Beginn des 19. Jahrhunderts nutzte Gauß das Prinzip der kleinsten Quadrate welches zeigt, dass die Regressionsgerade $Y = a + xb_i + U_i$ dem Streuungsdiagramm dann am besten angepasst ist, wenn das Ergebnis aus der Quadratsumme $Q(a_1, a_2) = \sum_{i=1}^{n}[y_i - (a_1 + a_2 x_i)]^2$ minimal ausfällt.[10] Die Regressionsgerade liefert somit im Vergleich zu anderen Geraden, die kleinstmögliche Summe

[5] Vgl. **Eckstein, P.** (2008), S.312
[6] Vgl. **Backhaus, K. / Erichson, B.** (2008), S. 52
[7] Vgl. **Zwerenz, K.** (2009), S. 220
[8] **Zwerenz, K.** (2009), S. 227
[9] **Zwerenz, K.** (2009), S. 246
[10] Vgl. **Bamberg, G. / Baur, F. / Krapp, M.** (2009), S. 39

von Abweichungsquadraten zwischen Beobachtungspunkten und Geradenpunkten.[11] Bei dieser Minimierung der Fehlerquadratsumme werden die Approximationsfehler $\Delta_i = f(x_i) - y_i$ für $i = 1, \dots, N$, zunächst quadriert und im Anschluss summiert.[12] Durch die Quadrierung der Abweichungen spielen die Vorzeichen der einzelnen Messpunkte für die Bildung von Q keine Rolle.[13] Als Ergebnis der Methode der kleinsten Quadrate erhält man die Formeln für die Steigung der Regressionsgeraden b und deren Ordinatenabschnitt a. Die Berechnung der Regressionskoeffizienten erfolgt für die Funktion der Steigung $b = \frac{\sum_{i=1}^{n}(x_i - \bar{x})(y_i - \bar{y})}{\sum_{i=1}^{n}(x_i - \bar{x})^2}$ und für den Achsenabschnitt $a = \bar{y} - b\bar{x}$. Da b ein Teil der rechten Seite der Ordinatenfunktion ist, wird dieser Wert zweckmäßigerweise zuerst bestimm.[14]

3. Multivariate lineare Regressionsanalyse

Die Aufgabe der multiplen Regressionsanalyse ist, wie auch bei der der einfachen linearen Regression, mithilfe einer möglichst einfachen mathematischen Funktion zu beschreiben und beschreibt, wie sich die Veränderung zweier oder mehrerer Regressoren und des Absolutglieds, auf einen Regressanten auswirkt.[15] In der Praxis gibt es häufig mehr als eine Einflussvariable, weshalb die Anwendung einer Multiplen oder auch Multivariaten Regression sinnvoll ist.[16] Bei der Interpretation ist zu beachten, dass die Koeffizientenschätzung der Regression den Einfluss der jeweiligen Regressoren bei Konstanthaltung aller anderen Regressoren wiedergibt. Es werden somit die jeweilig isolierten Einflüsse berechnet.[17] Die multiple Regressionsanalyse kann sich beispielsweise in der folgenden Gleichung ausdrücken: [18]

$$Y = \beta_0 + \beta_1 x_1 + \beta_2 x_2 + \beta_3 x_3 + \epsilon$$

Mithilfe dieser Funktion könnte beispielsweise das Einkommen Y durch das Alter β_1, die Beschäftigungsdauer β_2 und dem Bildungsgradβ_3 erklärt werden. Dabei

---

[11] **Zwerenz, K.** (2009), S. 222
[12] **Luderer, B. / Würker, U.** (2009), S. 374f
[13] Vgl. **Purkert, W.** (2012), S. 298
[14] Vgl. **Bamberg, G. / Baur, F. / Krapp, M.** (2009), S. 40
[15] **Pinnekamp, H. / Siegmann, F.** (2008) S. 149
[16] **Backhaus, K. / Erichson, B. / Plinke, W. / Weiber, R.** (2008), S. 64
[17] Vgl. **Eckstein, P.** (2008), S.332
[18] **Zwerenz, K.** (2009), S. 228

ist $\beta_0 + \beta_1 x_1 + \beta_2 x_2 + \beta_3 x_3$ die additiv-lineare systematische Komponente und ϵ eine Fehlervariable.[19] Als Maß für die Wichtigkeit der betreffenden Variablen darf allerdings nicht die Größe eines Regressionskoeffizienten angesehen werden. Die Berechnung erfolgt im Wesentlichen wie bei der einfachen Regressionsanalyse durch die Minimierung der Summe der Abweichungsquadrate.[20] Im Unterschied zum einfachen Streudiagramm erscheint die Punktwolke der multiplen Regression als ein „gekrümmtes Gebilde" im dreidimensionalen Raum.[21]

Bestimmtheitsmaß

Um die Eignung eines Regressionsmodells zur Erklärung eines Regressanten beurteilen zu können, bedient man sich dem Bestimmtheitsmaß R^2 bzw. dem $R^2_{korrigiert}$. Dieser gibt an, welcher Anteil der Gesamtvarianz von Y durch die Varianz des Regressionsmodells erklärt wird. Dabei nimmt R^2 einen Wert zwischen 0 und 1 an.[22] Je näher R^2 bei 1 liegt, desto besser wird der Regressand durch die Regression erklärt. Umgekehrt würde die Regression mit einem Wert nahe 0 die Zielvariable weniger gut erklären.[23] Das Bestimmtheitsmaß wird durch die Quadrierung des Korrelationskoeffizienten $r^2 = \left(\frac{S_{xy}}{S_x S_y} \right)^2$ von Bravais und Pearson ausgedrückt.[24]

---

[19] Fahrmeir, L. / Künstler, R. / Pigeot, I. / Tutz, G. (2007), S. 494
[20] Backhaus, K. / Erichson, B. / Plinke, W. / Weiber, R. (2008), S. 64f
[21] Eckstein, P. (2008), S.334
[22] Vgl. Pinnekamp, H. / Siegmann, F. (2008) S. 163
[23] Vgl. Fahrmeir, L. / Künstler, R. / Pigeot, I. / Tutz, G. (2007), S. 498
[24] Zwerenz, K. (2009), S. 222

4. Lineare Optimierung

Die lineare Optimierung stellt ein mathematisches Teilgebiet dar, welches aus typischerweise unendlich vielen verschiedenen zulässigen Varianten die hinsichtlich eines bestimmten Kriteriums beste Variante auswählt. Im engeren mathematischen Sinne versteht man unter der Optimierung, die Suche nach der bestmöglichen Lösung innerhalb einer Menge zulässiger Varianten.[25]

Typischerweise treten diese Optimierungsprobleme in den verschiedensten Aufgabengebieten der Technik und Ökonomie auf.[26] Der Zweck einer Optimierungsaufgabe ist, abhängig hinsichtlich ihrer Problemstellung, zumeist die Maximierung oder Minimierung einer bestimmten Zielfunktion $z = \sum_{j=1}^{m} c_j x_j + c_0$ unter den Nebenbedingungen $\sum_{j=1}^{m} a_{ij} x_j \leq b_i$ $(i = 1, ..., n$ $)$und $x_j \geq 0$ $(j = 1, ..., m)$.[27] Die Suche nach einer optimalen Lösung bedeutet demnach, dass eine minimale oder maximale Lösung bestimmt wird, für die eine Zielfunktion ihren kleinsten bzw. größten Wert annimmt.[28] In der Praxis kann diese Funktion beispielsweise ein Güte-, Qualitäts-, oder Kostenkriterium eines technischen oder ökonomischen Prozesses sein. Dabei besteht das Optimierungsproblem aus den Komponenten der Entscheidungsvariablen, welche kontinuierliche Werte zwischen den gegebenen Begrenzungen annehmen können, die auch Beschränkungen oder Restriktionen genannt werden, welche die Form von Ungleichungen oder Gleichungen besitzen und einer zu optimierenden Funktion.

Die Entscheidungsvariablen können beispielsweise Produktionsmengen einzelner Produkte oder Varianten darstellen und ergeben somit den Lösungsraum einer gegebenen Entscheidungssituation. Diese Variablen werden im Allgemeinen als x_i bezeichnet, wobei gilt, dass $l_j \leq x_j \leq u_j$ und alle j Elemente reelle Zahlen sind.

Dies bedeutet, dass alle Variablen jeweils im Besitz einer reellen Untergrenze l_j und Obergrenze u_j sind.[29]

Die Variablen der Nebenbedingungen nehmen aus ökonomischen Gründen keine

---

[25] **Luderer, B. / Würker, U.** (2009), S. 200f
[26] **Unger, T. / Dempe, S.** (2010), S. 1
[27] Vgl. **Suhl, L. / Mellouli, T.** (2006), S. 32f
[28] **Luderer, B. / Würker, U.** (2009), S. 200
[29] Vgl. **Suhl, L. / Mellouli, T.** (2006), S. 32f

negativen Werte an und beschreiben den Lösungsraum der gegebenen Entscheidungssituation. Dabei wird die Zielfunktion durch die Anpassung von n verschiedenen Parametern beeinflusst und unterliegt, ihrem Problem gemäß, verschiedenen expliziten Restriktionen.[30]

Da die in dem Modell verwendeten Größen linear vorkommen, betrachtet die lineare Programmierung Optimierungsmodelle, bei denen sowohl die Zielfunktion als auch alle Restriktionen in der ersten Potenz vorliegen und diese Linearkombinationen der Variablen darstellen.[31]

Aus mathematischer Betrachtungsweise sind lineare Beziehungen denen einer nichtlinearen Natur vorzuziehen, da diese Modelle die Entwicklung einer Lösung mithilfe einfacher Methoden ermöglichen. Heutzutage liegen hinsichtlich der linearen Optimierung umfangreiche, gut ausgearbeitete und effektive Software für praktisch alle Rechentypen vor, bis hin zu Programmen, mit deren Hilfe lineare Optimierungsprobleme mit Tausenden von Variablen gelöst werden können.[32]

4.1. Graphischer Lösungsansatz

Stellt man das Optimierungsproblem in einem kartesischen Koordinatensystem dar, so ergeben die Nebenbedingungen Lösungsräume bzw. Flächen, welche die Menge zulässiger Lösungsmöglichkeiten in einem Bereich einschränken.[33] Beinhaltet die Zielfunktion des linearen Modells lediglich zwei Entscheidungsvariablen x_1 und x_2, wird als zulässiger Bereich ein zweidimensionaler Polyeder definiert.[34] Um die optimale Lösung zu finden, sucht man bei dem Maximumproblem diejenige Lage der Zielfunktionsgeraden, die vom Koordinatenursprung möglichst weit entfernt ist. Im umgekehrten Fall der Minimierung liegt die optimale Lösung möglichst nahe an der Nulllage. In beiden Fällen erreich man den optimalen Punkt durch die Parallelverschiebung der Zielfunktionsgeraden, wobei die Zielfunktion noch mindestens einen Punkt mit dem zulässigen Bereich gemeinsam haben

[30] Vgl. **Marti, K. / Gröger D.** (2000) S. 2f
[31] **Purkert, W.** (2012) S. 339
[32] Vgl. **Luderer, B. / Würker, U.** (2009), S. 200
[33] Vgl. **Purkert, W.** (2012) S. 389
[34] **Suhl, L. / Mellouli, T.** (2006) S. 33

muss.[35] Anhand des graphischen Lösungsverfahren soll das folgende Maximierungsproblem veranschaulicht werden:

Ein Unternehmen produziert die Taschenrechnervarianten A und B mit einem Deckungsbeitrag je Stück von 2,00 € bzw. 1,50 €. Die Variante A benötigt bei seiner Herstellung dabei doppelt so viel Zeit wie ein Taschenrechner der Variante B. Diese Zeitrestriktion erlaubt dem Unternehmen in Summe nicht mehr als 1000 Taschenrechner am Tag zu produzieren. Daneben wird angenommen, dass der Batteriezulieferer maximal 800 Taschenrechner mit Batterien beliefern kann. Die Variante A bekommt ein Tastenfeld vom Typ 1 und die Variante B das vom Typ 2. Von diesem Typen stehen jeweils 400 und 700 Stück am Tag zur Verfügung. Schließlich muss noch gelten, dass die Produktionsmengen nicht negativ werden können. Ziel des Unternehmens ist es, seinen gesamten Deckungsbeitrag unter der Funktion $z = 2x_1 + 1,5x_2$ zu maximieren. Die Restriktionen des LP-Modells haben dann die Formen:

R(1) $2x_1 + x_2 \leq 1000$

R(2) $x_1 + x_2 \leq 800$

R(3) $x_1 \leq 400$

R(4) $x_2 \leq 700$

R(5) $x_1 + x_2 \geq 0$

Jede Kombination aus den Entscheidungsvariablen, die den Herstellungsrestriktionen genügen, ergibt den zulässigen Bereich. Im ersten Schritt wird der zulässige Bereich bestimmt und geometrisch veranschaulicht. Dazu werden die Ungleichungen als Geraden in ein Koordinatensystem übertragen.[36] Die Restriktion R(1) $2x_1 + x_2 \leq 1000$ besagt, dass alle Kombinationen von x_1 und x_2, welche die Obergrenze ausschöpfen, auf der Geradengleichung in Normalform $x_2 = 1000 - 2x_1$ liegen. Die Restriktion beschreibt damit eine Halbebene der zulässigen Lösung. Dementsprechend beschreiben auch die restlichen Ungleichungen einschließlich der Nichtnegativitätsbedingung je eine Halbebene. Die Eckpunkte die dem zulässigen Bereich angehören heißen zulässige Ecken.[37] Eine Ecke entsteht immer dann, wenn sich

---

[35] Vgl. **Purkert, W.** (2012) S. 391
[36] Vgl. **Suhl, L. / Mellouli, T.** (2006), S. 34f
[37] Vgl. **Purkert, W.** (2012) S. 388f

zwei Restriktionsgeraden beim Schnitt einer Restriktionsgeraden mit einer Koordinatenachse oder im Schnittpunkt der Abszissen- mit der Ordinatenachse treffen.[38] In diesem Fall sind die zulässigen Ecken (0,0), (700,0), (700,100), (600,200), (200,400), (0,400).

Abbildung 2: Graphische Lösung

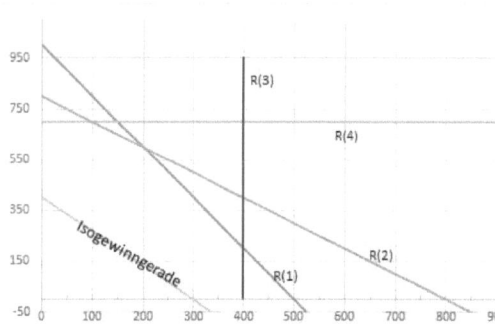

Der Schnittpunkt von R(3) und R(4) läge hingegen außerhalb des zulässigen Bereichs. Die Lösungen, die als Ergebnis denselben Wert ausgeben, liegen auf der sogenannten Isogewinngeraden. Diese wird eingezeichnet, indem man den Zielfunktionswert auf eine Konstante $z = z_o$ legt. Wählt man für das obige Beispiel $z_0 = 600$, so ergibt sich eine Isogewinngerade aus der Zielfunktion $2x_1 + x_2 = 600$. Die Isogewinngerade wird nun innerhalb des zulässigen Bereichs parallel bis zu einer optimalen Ecke verschoben. In diesem Fall liegt der optimale Zielfunktionswert in der Ecke (600,200). Daraus ergibt sich der maximal mögliche Deckungsbeitrag von $z = 2 * 200 + 600 * 1,5 = 1300$.[39]

In der Praxis lässt sich in vielen Fällen jedoch eine eindeutige und optimale Lösung nicht finden.[40] Dies ist beispielsweise dann der Fall, wenn sich Restriktionen widersprechen oder sich die Zielfunktionsgerade bei einem Maximumproblem unendlich weit parallel verschieben lässt, ohne dass sie den zulässigen Bereich verlässt. Zudem ist der graphische Lösungsansatz schon ab einer Anzahl von drei Variablen sehr umständlich und komplex. Benötigt man jedoch mehr als drei Variablen, so bietet das Modell keine Möglichkeiten die Problemstellung graphisch zu lösen. Um dennoch ein Ergebnis für ein lineares Programmierungsproblem zu finden, wird ein

---

[38] **Purkert, W.** (2012), S. 397
[39] Vgl. **Suhl, L. / Mellouli, T.** (2006), S. 35f
[40] **Suhl, L. / Mellouli, T.** (2006), S. 36

von der geometrischen Anschauung unabhängiger rechnerischer Algorithmus benötigt. Eine derartige Methode, das sogenannte Simplex-Verfahren, wurde 1947
von George B. Dantzig zur Lösung von Planungsproblemen der U.S. Air Force ent-
wickelt.[41] Mithilfe dieses Verfahrens ließen sich nun eine beachtlich große Breite
an Modellen von weit auseinanderliegenden Einsatzgebieten lösen.[42]

5. Simplex-Algorithmus

Die Idee des Simplex-Verfahrens ist es, ein Optimum zu finden, indem es benachbarte Ecken des Lösungsraums daraufhin untersucht, ob der jeweilige Zielfunktionswert, sich bei der Bewegung in eine benachbarte Ecke verbessert, oder zumindest nicht verschlechtert.[43]

Die Bewegung von einer Ecke zu einer benachbarten erreicht man mithilfe der
Gauss'schen Elimination durch die Manipulation der linearen Gleichungssys-
teme.[44] Um diese Methode anwenden zu können, wird das lineare Ungleichungs-
system zunächst in ein lineares Gleichungssystem transponiert. Das erreicht man,
indem man in jede Restriktion eine nichtnegative Schlupfvariable y_i einführt, welche gerade die Differenz der Funktionsgleichung aufweist. Ökonomisch stellen die
Werte der Schlupfvariablen die nicht ausgenutzten Restriktionsobergrenzen dar.[45]
Nachdem die Koeffizienten der Zielfunktion im Fall der Maximierung mit -1 multipliziert wurden, wird das lineare Optimierungsproblem in das so genannte Simplex-
Tableau übertragen. Der Vorzeichenwechsel der Zielfunktionskoeffizienten beschreibt beispielsweise die Opportunitätskosten, die bei einer Produktionsunterlas-
sung entstehen würden.[46] Standartmaximierungsprobleme bieten im Gegensatz zu
Standartminimierungsproblemen den grundsätzlichen Vorteil, dass stets zumindest
eine Ecke des zulässigen Bereichs (Koordinatenursprung) bekannt ist.[47] Das Aus-

---

[41] Vgl. **Purkert, W.** (2012), S. 393
[42] **Suhl, L. / Mellouli, T.** (2006), S. 42
[43] **Suhl, L. / Mellouli, T.** (2006), S. 44
[44] Vgl. **Suhl, L. / Mellouli T.** (2006), S. 44
[45] **Purkert, W.** (2012), S. 394
[46] Vgl. **Öztürk, R. / Kohn, W.** (2009), S. 101
[47] **Dietz, H.** (2012), S. 987

gangstableau bildet den Startpunkt der Rechenoperationen zur Ermittlung der optimalen Lösung und enthält bereits eine Lösung, die als Basislösung bezeichnet wird.[48] Nach der Erstellung des Ausgangstableaus werden die ersten Schritte des Simplex-Algorithmus ausgeführt.[49] Die Variablen des Tableaus, welche mit einem Einheitsvektor verbunden sind, werden dabei als Basisvariablen bezeichnet. Die nicht in der Lösung befindlichen Variablen besitzen den Wert Null und heißen Nichtbasisvariablen.[50] In der Pivotspalte entsteht mittels des Gaußschen Eliminationsverfahrens ein Einheitsvektor. Dabei wird im ersten Schritt der Pivotkoeffizient auf Eins normiert. Im zweiten Schritt werden die restlichen Koeffizienten der Pivotspalte mit der Gauß-Iteration auf Null umgerechnet. Entsprechend dem Vorzeichenwechsel der Zielfunktionskoeffizienten wählt man bei der sogenannten Basistransformation die Nichtbasisvariable mit dem höchsten fiktiven Verlust. Die Basistransformation ergibt nur dann eine Zielwerterhöhung, wenn der zugehörige Zielfunktionskoeffizient der Variablen negativ ist.

Wenn alle Zielfunktionskoeffizienten größer als Null sind und damit eine optimale Ecke im zulässigen Bereich gefunden ist, ist die optimale Lösung erreicht.[51] Hat das Tableau eine optimale Lösung ergeben, so wird ein weiterer Tausch keine Verbesserung des Zielfunktionswertes ergeben.[52] Um die Funktionsweise des Simplex-Algorithmus zu zeigen, wird das Beispiel aus dem 3.1 Kapitel verwendet. Zunächst werden die nichtnegativen Schlupfvariablen in die Ungleichungen eingeführt und die Koeffizienten der Zielfunktion mit (-1) multipliziert, sodass die folgenden Gleichungen entstehen:

$$maximiere\ z_{(x_1,x_2)} = -2x_1 - 1{,}5x_2$$

$$2x_1 + x_2 + y_1 = 1000$$

$$x_1 + x_2 + y_2 = 800$$

$$x_1 + y_3 = 400$$

$$x_2 + y_4 = 700$$

$$x_1, x_2, y_1, y_2, y_3, y_4, \geq 0$$

[48] **Igelbrink, H. / Rottmann, U.** (1977), S. 18
[49] **Dietz, H.** (2012), S.996
[50] **Luderer, B. / Würker, U.** (2009), S. 231f
[51] Vgl. **Öztürk, R. / Kohn, W.** (2009), S. 101ff
[52] **Dietz, H.** (2012), S. 1000

Die Gleichungen werden anschließend in das Ausgangstableau überführt. Die Tabelle 1. zeigt somit eine zulässige Basislösung in der noch keine Produktion stattfindet.[53] Die Variablen, welche mit einem Einheitsvektor verbunden sind, besitzen den Wert der Restriktionsobergrenzen der Spalte b und werden als Basisvariablen bezeichnet. Die Nichtbasisvariablen befinden sich nicht in der Lösung und besitzen den Wert null. Die negativen Zielfunktionswerte lassen erkennen, dass die Lösung des Ausgangstableaus noch nicht optimal ist. Die letzte Zeile des Tableaus zeigt, dass x_1 einen höheren fiktiven Verlust verursacht als x_2. Die Nichtbasisvariable x_1 und Pivotspalte wird deshalb mithilfe der Basistransformation in eine Basisvariable umgeformt. Im Anschluss wird die Pivotzeile durch das Quotientenkriterium bestimmt.

Die Pivotzeile bestimmt, die maximalmögliche Produktion des Produktes mit dem höchsten Deckungsbeitrag je Mengeneinheit indem die rechte Seite b durch die Koeffizienten der Pivotspalte dividiert wird.[54] Dieser Wert im Drehpunkt der Pivotspalte und Pivotzeile wird auch Pivotelement genannt.[55] Dabei wird die Zeile mit dem kleinsten Quotienten als Pivotzeile ausgewählt. Die Koeffizienten, welche

Tabelle 1: Ausgangstableau

x_1	x_2	y_1	y_2	y_3	y_4	b
2	1	1	0	0	0	1000
1	1	0	1	0	0	800
1	0	0	0	1	0	400
0	1	0	0	0	1	700
-2	-1,5	0	0	0	0	0

kleiner oder gleich Null sind bleiben von der Rechenoperation unberücksichtigt, da eine Division durch Null nicht definiert ist und die Koeffizienten aufgrund der Nichtnegativitätsbedingung nicht negativ werden dürfen.[56] In dem Ausgangtableau der 1. Tabelle ist der Quotient der dritten Zeile und ersten Spalte am kleinsten. Der erste Rechenschritt soll zunächst das Pivotelement auf eins normieren. Dies

[53] Igelbrink, H. / Rottmann, U. (1977), S. 19
[54] Vgl. Öztürk, R. / Kohn, W. (2009), S. 102
[55] Igelbrink, H. / Rottmann, U. (1977), S. 20
[56] Vgl. Öztürk, R. / Kohn, W. (2009), S. 102

geschieht, in dem man die Pivotzeile mit dem Kehrwert des Pivotelementes multipliziert. In der Ausgangssituation ist der Koeffizient bereits eine Eins, weshalb man mit der nächsten Rechenoperation, der Erstellung des Einheitsvektors, fortfahren

Tabelle 2: 1. Lösungsschritt kann. Der

x_1	x_2	y_1	y_2	y_3	y_4	b
0	1	1	0	-2	0	200
0	1	0	1	-1	0	400
1	0	0	0	1	0	400
0	1	0	0	0	1	700
0	-1,5	0	0	2	0	800

Einheitsvektor besagt, dass ober- und unterhalb der Pivotzeile der Pivotspalte Nullen erzeugt werden müssen. Dies erreicht man durch die entsprechende Subtraktion oder Addition der ganzen Pivotzeile. Die nächste Basislösung hat dann im Simplex-Tableau die folgenden Koeffizienten:

Entsprechend der Definition haben die Lösungsvariablen des 2. Tableaus die Werte (Grün hinterlegt) $x_1 = 400$, $y_1 = 200$ und $y_2 = 400$. Interpretieren lassen sich die Werte der Schlupfvariablen als nicht ausgenutzte Kapazitäten. Der gesamte Deckungsbeitrag beträgt in dieser Lösung 800. Die Nichtbasisvariablen (somit nicht in der Lösung enthalten) sind x_2, y_3 und y_4. Die ursprüngliche Schlupf-

x_1	x_2	y_1	y_2	y_3	y_4	b
0	1	1	0	-2	0	200
0	0	-1	1	1	0	200
1	0	0	0	1	0	400
0	0	-1	0	2	1	500
0	0	1,5	0	-1	0	1100

Tabelle 3: 2. Lösungsschritt

und Basisvariable y_3 wurde gegen die Variable x_1 getauscht.[57] Im darauffolgenden Schritt erhöht die Variable x_2 den gesamten Deckungsbeitrag und wird entspre-

---

[57] Vgl. **Igelbrink, H. / Rottmann, U.** (1977), S. 23

chend in die Basislösung aufgenommen. Die Auswahl der Pivotzeile und die darauffolgenden Rechenoperation sind äquivalent zu denen im ersten Lösungsschritt. Tabelle 3 enthält neben der Schlupfvariable y_4, nun beide Produkte in der Basislösung. Da die Zielfunktion noch in der Spalte der Nichtbasisvariablen y_3 einen negativen Wert aufweist, wird auch diese nach der Auswahl des Pivotelementes, in die Basis erhoben.

Tabelle 4:3. Simplex-Endtableaus

x_1	x_2	y_1	y_2	y_3	y_4	b
0	1	-1	2	0	0	600
0	0	-1	1	1	0	200
1	0	1	-1	0	0	200
0	0	1	-2	0	1	100
0	0	0.5	1	0	0	1300

Alle Koeffizienten der Zielfunktionszeile des Endtableaus weisen nun einen Wert $\geq$ 0 aus. Der optimale Deckungsbeitrag liegt entsprechend der Produktion von $x_1 = 200$ und $x_2 = 600$, bei 1300. Das Ergebnis zeigt außerdem, dass die dritte Restriktion unterschritten wurde. Dies lässt sich aus der Basisvariable $y_3 = 200$ ableiten. Setzt man in die ursprüngliche Gleichung den Wert von $x_1 = 200$ in $x_1 \leq 400$ ein, so ergibt dies die ausgegebene Differenz von 200.

6. Praktische Anwendung

6.1. Einführung in Google Adwords

Im Folgenden möchte ich das Prinzip von Adwords erläutern und einige wichtige Begriffe darlegen. Das Ziel des Suchmaschinenmarketings ist die Verbesserung der Sichtbarkeit des eigenen Unternehmens oder eines bestimmten Angebotes innerhalb der Ergebnislisten ausgewählter Suchmaschinen. Google Adwords und auch das Äquivalent „Bing" von Microsoft funktionieren im Wesentlichen wie eine Auktion. Um ein Produkt oder eine Dienstleistung bestmöglich zu platzieren, muss ein Anbieter neben dem höchsten Gebot auf die von ihm genutzten Schlagwörter

(Keywords), auch eine bestimmte Qualität der Anzeige (Relevanz zur ausgeben-den Website, Klickrate), sicherstellen.

Der gewählte maximale Preis pro Klick (CPC) multipliziert mit dem Qualitätsfaktor von Adwords ergibt somit den Anzeigenrang. Das Gebot mit dem höchsten Anzeigenrang wird in der Ergebnisliste bestmöglich platziert. Ausschlaggebend für den tatsächlich zu zahlenden Preis pro Klick ist jedoch nicht der gewählte maximale CPC, sondern der Quotient aus dem Anzeigenrang des nächsten Mitbewerbers zu dem eigenen Qualitätsfaktor. Effektiv wird daher nur der um einen Cent erhöhte Betrag aus dem Ergebnis des Quotienten des zu übertretenden Konkurrenten gezahlt und ermöglicht so die Positionsverbesserung.

Keywords sind Such bzw. Schlagworte welche von Suchmaschinennutzern (Usern) zum Finden eines gewünschten Ergebnisses genutzt werden. Ein Adwords Konto untergliedert sich in mehreren verschiedenen Kampagnen, welche individuell veränderbar sind. Eine Zusammenfassung von Keywords ausgestattet mit einem Budget nennt man Kampagne. Um den Erfolg dieser messen bzw. verbessern, sowie Vorhersagen über deren Entwicklungen treffen zu können, entwickelte ich mithilfe von Excel Programme, welche diese Aufgaben automatisch ausführten. Die Anzeigenposition auf der Ausgabeseite bestimmt Google anhand des gewählten CPC und einem eigenem Ratingsystem, welche die Relevanz der Zielseite zum gesuchten Keyword bewertet.

Die Ausgabeseite der Google Treffer gliedert sich in den „organic search" und dem „paid search" (SEA). Der Bereich des organic search ist Gegenstand des search engine optimizing (SEO) und wird von mir nicht weiter betrachtet. Ziel des paid search ist eine Steigerung der Conversions mithilfe von Werbeanzeigen zu erreichen. Unter einer Conversion versteht man die aus dem Klick auf eine Anzeige resultierende gewünschte Handlung, beispielsweise dem Kauf eines Produktes durch einen User. Die Conversion-Rate (CR) gibt das Verhältnis der Conversions zu den erhaltenen Klicks der Zielseite wieder. Ziel ist es, die eigene Anzeige möglichst unter den ersten Drei Anzeigen zu platzieren, da dort erfahrungsgemäß die höchsten Klickzahlen erreicht werden. Ausschlaggebend für die Klickzahlen und damit für einen möglichen Erfolg einer Kampagne ist jedoch nicht nur dessen Platzierung sondern beispielsweise auch der Anzeigentext selbst oder die Usability der Website.

Im Anzeigentext transportiert der Anbieter seine Werbebotschaft, die den User auf die Website „locken" soll. Die Usability einer Website soll dem User eine einfache Interaktion mit dieser ermöglichen, um so eine Conversion herbeizuführen. Da die Usability oder auch die Website Darstellung von den Betreibern zeitlich eher selten angepasst werden, berücksichtige ich deren Einfluss auf die Conversions nicht weiter. Hier soll davon ausgegangen werden, dass die Conversion-Rate unmittelbar mit der Anzeigenplatzierung zusammenhängt.

So ergibt sich, dass die wichtigsten Parameter zur Überprüfung und Steuerung des Erfolges der CPC sowie die CR sind.

6.2. Praxisbeispiel zu Regressionsanalyse und Bestimmtheitsmaß

Will man beispielsweise wissen, inwieweit der Umsatz durch die Klickpreise erklärt wird erhält man den Wert 0,9828. Dies bedeutet, dass 0,9828 oder auch 98,28% der Varianz des Umsatzes durch die Varianz der Klickpreise erklärt wird. In dem Fall, dass der Klickpreis gleich 0 ist und demgemäß keine Ausgaben für Onlinewerbung getätigt werden, entsteht ein Umsatz von 774,45 €.

Dies ist z.B. auf die Suchmaschinen-optimierung (SEO), also auf die Sichtbarkeit im organic search zurückführen. Kunden werden logischerweise nicht nur durch das Schalten von Werbung auf ein Produkt aufmerksam. R^2 hat leider die Eigenschaft, dass es umso größer wird, je größer die Zahl der unabhängigen Variablen ist. Und zwar unabhängig davon, ob weitere unabhängige Variablen wirklich ei-

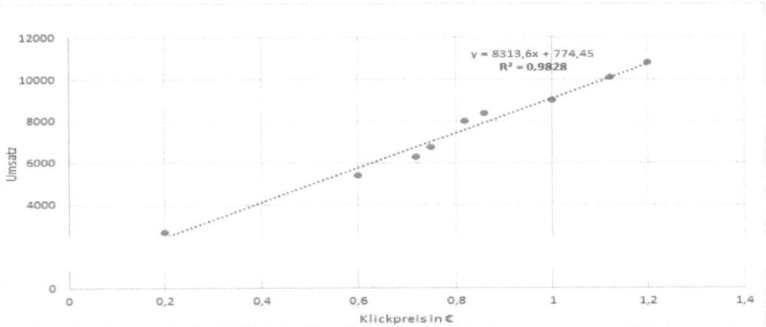

Abbildung 3: Lineare Regressionsanalyse

nen Beitrag zur Erklärungskraft liefern. Da so R^2 im Fall der multiplen Regression gleich groß bleibt oder steigen kann, jedoch niemals sinkt, nutzt man $R^2_{korrigiert}$.

Im Gegensatz zu R^2 berücksichtigt $R^2_{korriegiert}$ die Anzahl der vorhandenen Regressoren. Auf diese Weise kann der Wert des $R^2_{korriegiert}$ abnehmen, wenn der
hinzugefügte Wert der zusätzlichen Variablen von der Anzahl der Variablen im
Modell überwogen wird.[58]

6.3. Anwendung des Solver-Add-Ins zur linearen Optimierung

Wie eingangs erwähnt, war es im Praktikum meine Aufgabe die Werbemaßnah-
men des Unternehmens zu optimieren. Um einen kleinen Teil dieser Arbeit zu ver-
anschaulichen, möchte ich zeigen, wie sich der gesamte Deckungsbeitrag der
GmbH unter verschiedenen Restriktionen mithilfe des Excel Solver-Add-Ins optimieren lässt.

Das gesamte Werbebudget des Unternehmens liegt bei monatlich 5000€. Es
wurde ermittelt, dass jede Kampagne eines Landes eine maximale Buchungszahl
je Monat erreichen kann. Jede dieser Kampagnen verursacht unterschiedliche De-
ckungsbeiträge und Kosten je Conversion. Die benötigten Daten wurden zuvor aus
Google Adwords und der Kostenrechnung entnommen. Exemplarisch wurden aus
der Vielzahl der Länderkampagnen die 5 ertragsreichsten ausgewählt. Excel ermöglicht nun die Rechenoperation des Simplex-Algorithmus mithilfe des Solver-
Add-Ins automatisch durchzuführen. Dazu habe ich die benötigten Werte in einer
Tabelle zusammengefasst, die die folgenden Informationen enthält:

---

58 Vgl. **Zwerenz, K.** (2009), S. 224

Tabelle 5: Ausgangssituation Solver

Maximaler Deckungsbeitrag	- €				
Werbebudget je Monat	5.000,00 €				
Restriktionen	USA	Frankreich	England	Italien	Kanada
Buchungen (veränderbare Zellen)					
Deckungsbeiträge je Land	299,03 €	141,57 €	166,63 €	129,59 €	221,51 €
stat. maximale Buchungszahl je Monat	20	52	36	69	9
Buchungskosten je Land gesamt	- €	- €	- €	- €	- €
Restriktion Werbebudget ges.					- €

Die Tabelle hatte die folgenden Funktionen:

Tabelle 6: Funktionen der Tabelle

Maximaler Deckungsbeitrag	=C6*C5+D6*D5+E6				
Werbebudget je Monat	5000				
Restriktionen	USA	Frankreich	England	Italien	Kanada
Buchungen (veränderbare Zellen)					
Deckungsbeiträge je Land	299,02	141,56	166,62	129,58	221,5
stat. maximale Buchungszahl je Monat	20	52	36	69	9
Buchungskosten je Land gesamt	=119,27*C5	=104,21*D5	=153,58*E5	=100,76*F5	=105,48*G5
Restriktion Werbebudget ges.	=C8+D8+E8+F8+G8				

Nachdem Einsetzen der Restriktionen in das Solver-Tool ergab sich folgendes Ergebnis:

Tabelle 7: Maximaler Deckungsbeitrag der Kampagnen

Maximaler Deckungsbeitrag	10.236,00 €				
Werbebudget je Monat	5.000,00 €				
Restriktionen	USA	Frankreich	England	Italien	Kanada
Buchungen (veränderbare Zellen)	20	15,977327	0	0	9
Deckungsbeiträge je Land	299,03 €	141,57 €	166,63 €	129,59 €	221,51 €
stat. maximale Buchungszahl je Monat	20	52	36	69	9
Buchungskosten je Land gesamt	2.385,54 €	1.665,14 €	- €	- €	949,32 €
Restriktion Werbebudget ges.					5.000,00 €

7. Fazit

Die Lineare Programmierung bietet viele Möglichkeiten die Geschäftsprozesse von Unternehmen zu optimieren und erfreut sich deshalb in der Praxis einer großen Beliebtheit. Nicht zuletzt die Vielfältigkeit der Anwendungsmöglichkeiten und die einfache Bedienung und Umsetzung der Problemstellungen, beispielsweise mithilfe von Excel, machen es auch für kleine oder mittelständische Unternehmen möglich, komplizierte Sachverhalte einfach und in einer angemessenen Zeit zu lösen. Hingegen findet in den meisten Fällen aufgrund der Komplexität der Optimierungsaufgaben die graphische Darstellung von Optimierungsproblemen keine Anwendung.

Die lineare wie auch die multivariate Regressionsanalyse sind gute Analyseinstrumente, um einen ungefähren Verlauf einer Untersuchung aufzuzeigen oder eine Entwicklung von Messdaten zu prognostizieren. Die Regressionsanalyse kam beispielsweise zur internen Überprüfung des Zusammenhangs von Conversion und Clicktroughrate zum Einsatz. Die Überprüfung ergab einen Trend, der dazu führte, die Anzeigenkampagnen zu modifizieren und in Bezug auf ihrer Attraktivität zu verbessern.

Literatur- und Quellenverzeichnis

Bücher

Backhaus, Klaus / Erichson, Bernd / Plinke, Wulff / Weiber, Rolf (2008): Multivariate Analysemethoden, eine anwendungsorientierte Einführung, 12. aktualisierte Auflage, Heidelberg

Bamberg, Günter / Baur, Franz / Krapp, Michael (2009): Statistik, 15. überarbeitete Auflage, München

Dietz, Hans M. (2012): Mathematik für Wirtschaftswissenschaftler, das ECoMath-Handbuch, 2. Auflage, Heidelberg

Eckstein, Peter (2008): Statistik für Wirtschaftswissenschaftler, eine realdatenbasierte Einführung mit SPSS, 1. Auflage, Wiesbaden

Fahrmeir, Ludwig / Künstler, Rita / Pigeot, Iris / Tutz, Gerhard (2007): Statistik, der Weg zur Datenanalyse, 6. Auflage, Heidelberg

Igelbrink, Helmut / Rottmann, Ulrich (1977): Lineare Optimierung, Hemsbach

Luderer, Bernd / Würker, Uwe (2009): Einstieg in die Wirtschaftsmathematik, 7. aktualisierte Auflage, Wiesbaden

Marti, Kurt / Gröger, Detlef (2000): Einführung in die lineare und nichtlineare Optimierung, Heidelberg

Öztürk, Riza / Kohn, Wolfgang (2009): Mathematik für Ökonomen, ökonomische Anwendungen der linearen Algebra und Analysis mit Scilab, Heidelberg

Pinnekamp, Heinz Jürgen / Siegmann, Frank (2008): Deskriptive Statistik, mit einer Einführung in das Programm SPSS, München

Purkert, Walter (2012): Brückenkurs Mathematik für Wirtschaftswissenschaftler, 7. aktualisierte Auflage, Wiesbaden

Suhl, Leena / Mellouli, Taïeb (2006): Optimierungssysteme, Modelle, Verfahren, Software, Anwendung, Heidelberg

Unger, Thomas / Dempe, Stephan (2010): Lineare Optimierung, Modell, Lösung, Anwendung, 1. Auflage, Wiesbaden

Zwerenz, Karlheinz (2009): Statistik, Einführung in die computergestützte Daten-analyse, 4. überarbeitete Auflage, München